日本人の知恵を学ぼう！

すがたをかえる食べもの

つくる人と現場④

とうもろこし

あすなろ書房

これって、なにから
できてるの？

盆おどり

お祭り

屋台

お祭りや屋台で売っている
ポップコーンや
焼きとうもろこしは、
畑でつくる**とうもろこし**
からできているんだよ！

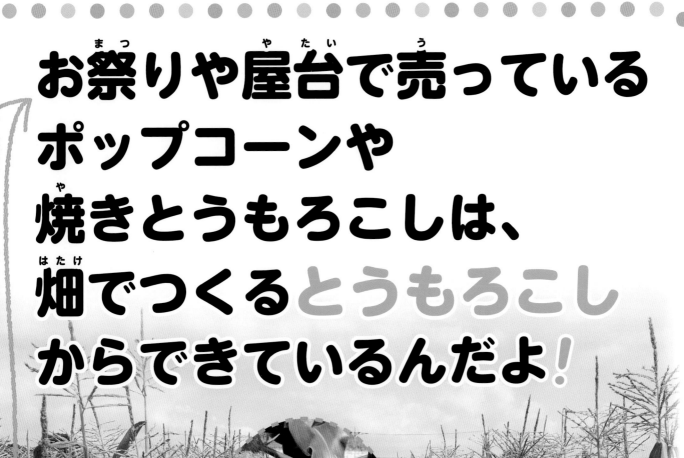

とうもろこしのつぶだけとった
ホールコーンは、便利だね。

とうもろこしは、粉にしてか
らつかうこともあるんだよ。

ホールコーン

とうもろこし粉

はじめに

この本は、いつも口にしている食べものが、なにからどんなふうに手を加えられて、すがたをかえたのかを知る本です。1つの食材がさまざまなものにすがたをかえる過程を知り、その過程には多くの人の知恵と努力が注ぎこまれていることを学びましょう。

このシリーズは、つぎの4巻で構成しています。

第1巻　大豆

第2巻　米

第3巻　麦

第4巻　とうもろこし

この「とうもろこし」の巻では、夏祭りなどに食べる身近な食べものが、なにからできているか？と考えることからはじめます。そして、そこから出発して、とうもろこしのさまざまなへんしんを見ていきましょう。

この本を読んで、みなさんが食べものを身近にとらえ、興味をもってどんどん調べていってくれることを願っています。

もくじ

とうもろこしがとれるまで

とうもろこしは、米と同じくいね科の植物で、日本で本格的に栽培されるようになったのは明治時代以降なんだ。ここでは、スイートコーン(→p12)の種まきから収穫までを見てみよう。4〜5月ごろに種をまくと、7〜8月ごろには収穫できるんだ。

① 種をまく

肥料を入れてよくたがやした畑に、幅90cm、高さ15cmほどのうねをつくり、マルチシート*をはる。そして、直径7〜10cmほどの穴を、2列あける。1つの穴に2〜3つぶの種をまき、指で3cmの深さまでおしこんで土をかける。

*地温の調節や雑草が生えにくくするためにつかう。

消毒されて色がついている市販の種。

② 芽が出る

種をまいてから1週間から10日ほどで、芽が出てくる。

③ 苗をまびく

本葉が3枚ぐらいになったら、元気のよい苗を1本選んで、ほかの2本は切りとるんだ。

この作業を「まびき」というんだ。
日あたりや風通しをよくして、元気に育てるためにおこなうんだよ。

ポリポットで苗を育てることもある

種を畑に直接まくと、芽が出る前に鳥に食べられてしまうことがある。また、種をまく時期がまだ寒くて、地温が上がっていないこともある。それで、ポリポットに種をまいて、あたたかくて鳥もやってこない場所で育てることもあるよ。

芽が出るまでは、ポリポットの土がかわかないように、こまめに水やりをする。

芽が出て、本葉が3枚ぐらいになったら、まびきをする。そうして、ポリポットから苗を取りだし、畑に植えつければいいんだよ。

ポリポットに種をまく。

芽が出る。

本葉が3枚になった。

苗をポットから取りだし、畑に植えつける。

土を取りのぞくと、苗の根はこんなふうになっているんだよ。

④ わき芽が出てくる

　葉がふえ、背たけもぐんぐんのびてくると、根元近くからわき芽が出てくる。わき芽があることで、根がよくはって株がたおれにくくなるんだ。

わき芽

太いとうもろこしの茎

　とうもろこしは、太い茎をまっすぐのばして成長していく。背が高くなると、風や雨でたおれやすくなるけれど、とうもろこしには「気根」という特別な根があるんだ。この気根がしっかり土をつかんで、とうもろこしの太い茎をしっかりささえているんだよ。

気根

⑤ お花が出てくる

　種をまいてから50日くらいたつと、まっすぐのびた茎のてっぺんから、いねの穂のようなものが見えてくる。これが、とうもろこしのお花。

⑥ め花が出てくる

お花が出てきたあと、株の下のほうの葉のつけ根から白いひげが出てくる。これが、とうもろこしのめ花なんだ。

> 白いひげの1本1本がめしべなんだ。

出てきたばかりのめ花。

め花の白いひげがのびてくる。

⑦ お花が開く

お花がどんどんのびてきて、ススキのように開く。すると、米つぶのような「やく」（花粉がつまったふくろ）が見えてくるよ。

のびてきたお花。

害虫をふせぐ

とうもろこしの大敵は、アワノメイガというガの幼虫。幼虫が実に入りこむのをふせぐために、お花が出はじめたら、殺虫剤を7日間隔で2〜3回まくなどして、手入れをするんだよ。

8 実がなる

　いねや小麦は1つの花におしべとめしべがあるけれど、とうもろこしは、1本の株にお花とめ花がべつべつにつくんだ。お花のやくが黄色くなると、やくの中の花粉が風で飛ばされて四方に散る。花粉がめ花のベトベトしたひげについて受粉すると、実がなるんだよ。

やくが黄色くなってきた。

受粉して、ひげが茶色っぽくなってきた。

9 実をまびく

　実は1株に2〜3本つくけれど、大きな実を育てるには、1本だけのこして、ほかの実はまびくんだ。まびいた実は、ヤングコーンとして食べることができるよ。

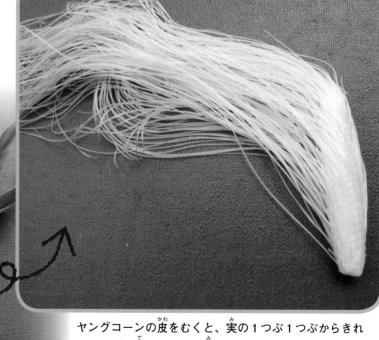

ヤングコーンの皮をむくと、実の1つぶ1つぶからきれいなひげが出ているのが見えるね。ヤングコーンはやわらかくて、おいしいよ。

まびいたヤングコーン。

⑩収穫

種をまいてから約3か月たち、実が太ってきて、め花のひげがこい茶色になってちぎれてきたら、いよいよ収穫だよ。

実を手でしっかりにぎって、手前に引きさげるようにしてもぎとるんだよ。

いいとうもろこしが収穫できて、うれしいよ。

実の1つぶ1つぶが黄色く色づいて、ぷっくりふくらんでいるね。

とうもろこしの種類

とうもろこしは、種子が食用とされる世界三大穀物*のひとつ。
みんながふだん食べているとうもろこしは、スイートコーンという種類なんだ。
ほかにも、いろんな種類のとうもろこしがあるんだよ。
焼きとうもろこしやコーンスープのように食用になるだけじゃなく、
家畜の飼料（えさ）や、油の原料にもなるんだ。　　　　* 世界三大穀物とは、米、小麦、とうもろこしのこと。

スイートコーン

　日本では、あまくてみずみずしいスイートコーンは「野菜」として流通していて、輸入にたよらずほぼ自給しているんだ。いちばんの産地は北海道だよ。スイートコーンには下の３つの種類があるよ。

シルバーコーン
つぶが白いとうもろこし。つぶが小さく、皮がやわらかいので、サラダ向き。

ゴールデンコーン
すべてのつぶがこい黄色のとうもろこし。

バイカラーコーン
黄色と白のつぶが３対１の割合で入っているとうもろこし。

ポップコーン

　つぶが小さく、皮がとてもかたいとうもろこし。爆裂種ともいう。熱すると、はじけてポップコーンができる。

デントコーン

　馬歯種ともよばれるとうもろこし。そのまま食べるのには向いていないけれど、家畜の飼料(→P36)やコーンスターチ(→p27)の原料になる。

フリントコーン

　硬粒種ともよばれるとうもろこし。加工して、食用や家畜の飼料につかわれる。メキシコなどでは、粉にひいて主食であるトルティーヤ(→P30)がつくられる。

ワキシーコーン

　別名「もちとうもろこし」ともいう。白や黄、黒、むらさきなどの色の、モチモチした食感のとうもろこし。

ソフトコーン

　つぶの大部分がやわらかいので、粉にひきやすいとうもろこし。

スイートコーンをおいしく食べるには？

スイートコーンは鮮度が落ちるのがとてもはやく、収穫して24時間もすれば、おいしさが半減するといわれているんだ。とれたてのスイートコーンを選ぶポイントや、おいしく食べる調理法をおぼえておこう。

選ぶポイント

- 皮の色があざやかな
緑色のものを選ぼう。
皮は時間とともに色がうすくなっていくんだ。

- ひげがこい茶色で、
ふさふさたくさんついている
ものを選ぼう。
ひげの1本1本が
つぶとつながって
いるので、ひげが
たくさんついてい
るスイートコーン
ほど、つぶもたく
さんついているん
だよ。

ひげがこい茶色の
スイートコーン。

- ひげがしっとりとしていて、
かわいていないものを選ぼう。
収穫して時間がたつほど、水分が
ぬけてかんそうしてしまうんだ。

調理法

スイートコーンには、ゆでる、焼く、蒸すなどの調理法がある。ゆでる場合も、湯に入れてゆでるより、電子レンジでチンするほうが、栄養をのがさないですむ。皮つきのまま、下のように調理してみよう。

1 下準備

スイートコーンのひげを短く切る。皮は、1～2枚をのこしてむいておく。

2 チンする

電子レンジ（600W）に1のスイートコーンを入れ、3分加熱する。

3 おしりを切る

できあがったら、スイートコーンのおしりのほうを1～2cm切りおとす。

4 皮をもってふる

スイートコーンのひげと皮をもってひとふりすると、皮から実がスルッと出てくるよ。

なぜ「とうもろこし」という名前がついたの？

日本には、古くに中国からつたわっていた「もろこし」という穀物があり、「たかきび」ともよばれていたんだ。桃太郎伝説のきびだんごは、この「たかきび」でつくられたともいわれているよ。とうもろこしが16世紀に中国から伝来したとき、「もろこし」に似ていたことと、中国のことを一般に唐とよんでいたこともあって、「とうもろこし」とよばれるようになったんだって。

この最初に伝来したとうもろこしは、あまみのある種類ではなく、あまみの少ないフリントコーンだったといわれている。明治時代に北海道を開拓した人たちがアメリカからスイートコーンを導入して育てるようになってから、とうもろこし栽培が全国に広まったんだよ。

1 ホールコーンへ

収穫したとうもろこしは、
時間とともにおいしさが失われていく。
それで、とれたてのおいしさを
缶やパウチにつめこんだ商品がつくられているんだ。
ここでは、北海道の工場でパウチ入りホールコーンが
つくられるまでを見てみよう。

収穫

　北海道のような広い畑のとうもろこしは、ハーベスタという機械でかりとるんだよ。茎や葉は下に落とし、スイートコーンだけがハーベスタのタンクに運ばれていく。

タンクにいっぱいになったスイートコーンが
ダンプカーに積みかえられる。

原料搬入

ダンプカーが積んできたスイートコーンを、ベルトコンベアで工場内に運んでいく。

皮をむく

ハスカーという機械にスイートコーンを投入し、皮をむく。

ゴムのローラーに
皮がはさまって、
自動的に皮がむけるんだよ。

洗う・選別

皮がむかれたスイートコーンを洗い、次の工程で機械のつまりの原因となる短いものや未熟なものを、人の目で選別して、取りのぞく。

カッターにかける

自動カッターでスイートコーンの芯からつぶを切りとる。

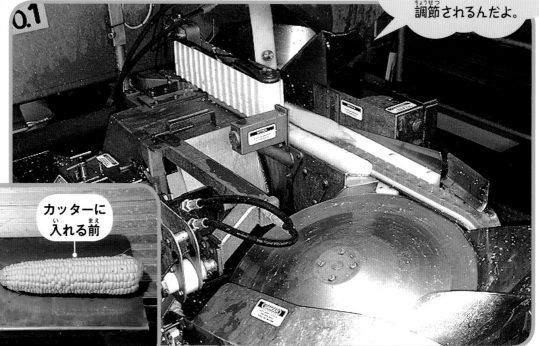

カッターの刃は、芯の直径にあわせて自動的に調節されるんだよ。

つぶが切りとられたあとの芯

カッターに入れる前

水に入れて選別

カッターで切りとられたつぶは特別な水そうに送られる。軽いつぶや皮など余計なものはういてくるので、外側に流れていき取りのぞかれる。

よいつぶは重いのでしずみ、底部から次の工程に送られる。

白くなっているのは、つぶから出たでんぷんのため。

色で選別

水そうから送られてきたよいつぶをセンサーにかける。センサーが黄色いつぶ以外を察知したら、空気でふきとばす。

ブランチング

前の工程から送られてきたつぶを、蒸気で短時間加熱する。

ブランチングとは

ブランチングというのは、冷凍野菜をつくるときにおこなわれる前処理で、野菜を短時間加熱する方法のこと。野菜の酵素のはたらきを止め、栄養成分や風味をたもつためにおこなわれるんだよ。

急速冷凍

前の工程からベルトコンベアで運ばれてきたコーンに強い冷気をあてて、1つぶ1つぶばらばらにして一気に凍らせる。

選別

冷凍したコーンのつぶを、人の目で、さらに金属探知機やX線で、異物がまじっていないかチェックする。

冷凍保管する

冷凍したコーンを箱づめし、冷凍原料として、マイナス18度以下に設定した冷凍庫で、いったん保管する。

原料解凍・味つけ

冷凍原料をうすい食塩水に色止めのクエン酸を加えた調味液に入れ、解凍する。

パウチにつめる

味つけの終わったコーンのつぶを、パウチにつめていく。

パウチ入り「北海道コーン」のできあがり！

殺菌・箱づめ

コーンがつめられたパウチを殺菌し、箱につめて出荷する。

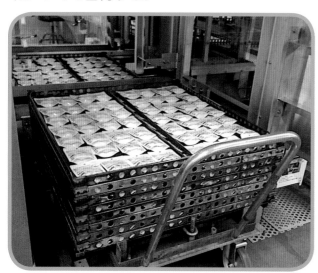

とうもろこしって、栄養いっぱい

とうもろこしは、エネルギーになる炭水化物を主として、
ミネラルやビタミンをバランスよくふくんでいる栄養いっぱいの食べものなんだ。
とうもろこしと米の栄養成分をくらべてみよう。

栄養成分表（100g中にふくまれる量）

	炭水化物	脂質	食物せんい	ビタミンB1	カリウム	鉄
スイートコーン	18.6g	1.7g	3.1g	0.12mg	290mg	0.8mg
白米	36.1g	0.3g	1.5g	0.02mg	29mg	0.1mg

※スイートコーンはゆでたもの、米はすいはんしたごはんの数値。
（日本食品成分表 2019 七訂より）

とうもろこしのとくちょう

とうもろこしは、ほかの穀物や野菜とくらべて、食物せんいの量が多いのがとくちょうだよ。食物せんいを多くふくむ食べものとして知られているさつまいもと、同じぐらいの食物せんいをふくんでいるんだ。また、ミネラルについても、白米の約10倍の量のカリウム、白米の約8倍の量の鉄をふくんでいるんだよ。

コーンごはんをつくってみよう

缶づめやパウチ入りのホールコーンをつかってもつくれるけれど、6～8月の旬のときには生のスイートコーンをつかってコーンごはんをつくってみよう。実を取ったあとの芯から、いいだしが出るよ。

【材料】

米 ……………… 2合（360mL）
スイートコーン ………… 1本
塩 …………………… 小さじ1
酒 …………………… 大さじ1

❶ 米を洗う
米を洗い、すいはん器のめもりにあわせて、いつもどおり水かげんする。

❷ つぶを取る
スイートコーンの長さを半分に切り、そぐようにしてつぶを切りおとす。

❸ すいはん器に入れる
❶のかまに❷のスイートコーンのつぶと塩と酒を入れて、軽くまぜる。その上に、つぶを取ったあとのスイートコーンの芯をのせて、すいはん器のスイッチを入れる。

❹ できあがり
たきあがったら、芯を取りのぞき、さっくりとまぜて器にもる。

ポップコーンをつくってみよう

みんなが大好きなポップコーンは、とうもろこしがへんしんしたものだよ。
かたいとうもろこしのつぶが、どうやってポップコーンに
へんしんするんだろう？　じっさいにためしてみよう。

1 ポップコーン用のとうもろこし

ポップコーン用のとうもろこしは「爆裂種」という種類で、スイートコーンとちがい、よくかんそうさせてからつかうんだ。つぶが小さくて、とてもかたいのがとくちょうだよ。

よく干したポップコーン用とうもろこし。

日本のスーパーマーケットで売っている、ポップコーン用とうもろこし。

2 つぶを入れる

フライパンにとうもろこしのつぶを入れる。つぶは30倍にもふくらむので、入れるつぶは、少なめにしておこう。

3 油と塩を入れる

フライパンに、サラダ油と塩を少々入れる。

油を入れる。

塩を入れる。

4 火にかける

フライパンにふたをして、火にかける。中火でじっくりといためる。

⑤ パチパチ音がしてくる

湯気が出てきて、フライパンの中が見えなくなってきた。とうもろこしがはじけて、パチパチ音がする。

> フライパンをゆすって、こげつかないようにしよう。

皿にうつして、アツアツを食べよう。はちみつをかけたり、バターをのせたりして、好みの味つけをしてもいいね。

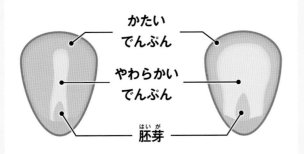

⑥ できあがり

音が小さくなったら、完成。火を止めて、しばらくしてポップコーンがもうはじけないのをたしかめてから、ふたをあける。

> あぶないから、パチパチ音がしなくなるまで、ぜったいにふたをあけてはいけないよ。

スイートコーンでは、なぜポップコーンができないの？

ポップコーン用のとうもろこしとスイートコーンのつぶをくらべてみよう。

かたいでんぷん

やわらかいでんぷん

胚芽

ポップコーン用のとうもろこし　　**スイートコーン**

ポップコーン用のとうもろこしのつぶは、かたいでんぷんで厚くおおわれているよ。内側には、やわらかくて水分をふくんだでんぷんがあるんだ。

熱を加えると、この内側の水分が水蒸気になってふくらもうとする。

でも、まわりのかたいでんぷんにじゃまされて、ふくらむことができないんだ。

そのうちに、水蒸気になろうとする力（ふくらむ力）が高まって、限界までくると一気に爆発しちゃうんだ。それが、ポップコーンだよ。

スイートコーンのつぶは、やわらかいでんぷんのまわりのかたいでんぷんの層がうすいので、爆発しないんだよ。

粉末のコーンスープができるまで

とれたてのスイートコーンが、どんなふうに加工されて粉末のコーンスープになるのかな。味の素株式会社の工場を見学してみよう。

原料の搬入

収穫したコーンはすぐに工場に運ばれる。

選別する

皮をむいてきれいに洗ったコーンは選別され、質のよいコーンだけが次の工程に送られる。

職人がきびしい目で選別するよ。

カットする

コーンのいちばんおいしい部分だけがカットされ、つぶつぶのコーンになる。

ペースト状にする

つぶつぶのコーンは機械でていねいにすりつぶされて、ドロドロのペースト状になる。

シート状にする

今度は加熱して、ドラムドライヤーという機械でかんそうさせ、シート状に加工する。

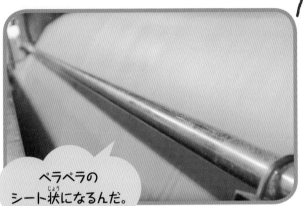

ペラペラの
シート状になるんだ。

粉にする

シート状のコーンを冷やして一気にくだき、サラサラの粉にする。これでコーンパウダーのできあがり。

サラサラの
粉だよ。

スープの素をつくる

スープの素になる材料（でんぷん、砂糖、チキンエキスなど）を造粒機という機械に入れて、ギュッとつぶにする。

できあがり

スープの素のつぶとスイートコーンからつくったコーンパウダーを機械に入れ、グルグルまわしてまぜあわせると、粉末のコーンスープができあがる。

ふくろにつめる

できあがった粉末のコーンスープをふくろづめし、それをパッケージにつめていく。

「クノール®
カップスープ」の
できあがり！

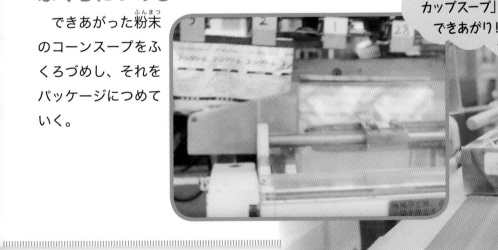

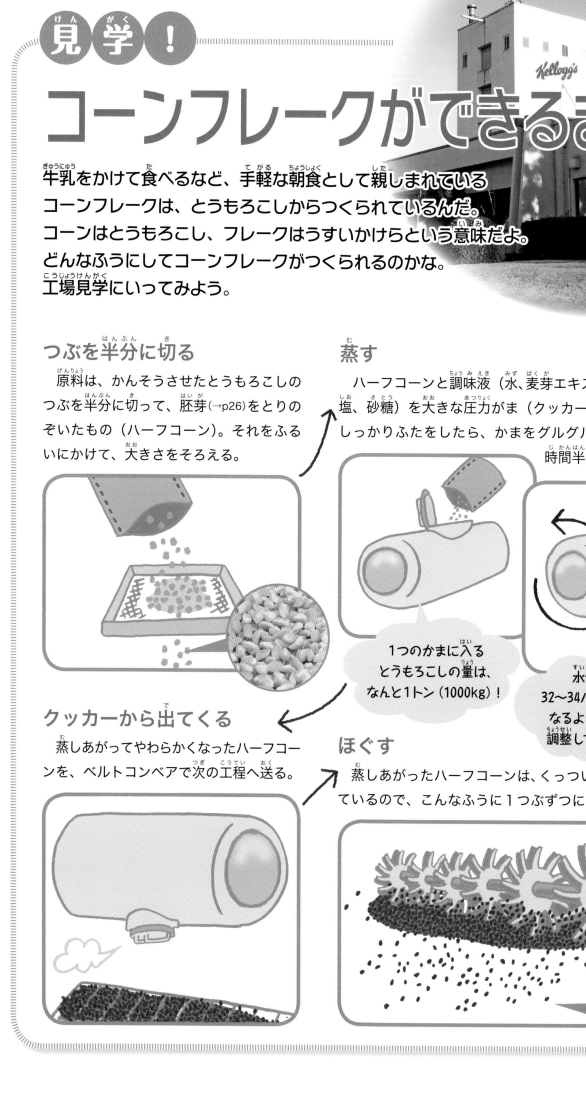

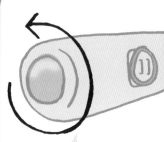 見学！

コーンフレークができるまで

牛乳をかけて食べるなど、手軽な朝食として親しまれている
コーンフレークは、とうもろこしからつくられているんだ。
コーンはとうもろこし、フレークはうすいかけらという意味だよ。
どんなふうにしてコーンフレークがつくられるのかな。
工場見学にいってみよう。

つぶを半分に切る

原料は、かんそうさせたとうもろこしの
つぶを半分に切って、胚芽（→p26）をとりの
ぞいたもの（ハーフコーン）。それをふる
いにかけて、大きさをそろえる。

蒸す

ハーフコーンと調味液（水、麦芽エキス、ビタミン、
塩、砂糖）を大きな圧力がま（クッカー）に入れる。
しっかりふたをしたら、かまをグルグルまわして１
時間半くらい蒸す。

> 1つのかまに入る
> とうもろこしの量は、
> なんと1トン（1000kg）！

> 水分量が
> 32〜34パーセントに
> なるように細かく
> 調整しているんだ。

クッカーから出てくる

蒸しあがってやわらかくなったハーフコー
ンを、ベルトコンベアで次の工程へ送る。

ほぐす

蒸しあがったハーフコーンは、くっついてかたまっ
ているので、こんなふうに１つぶずつにほぐす。

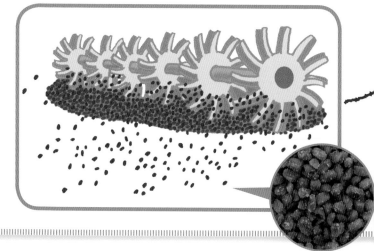

かんそうさせる

ほぐしたハーフコーンを
2時間ほどかんそうさせる。

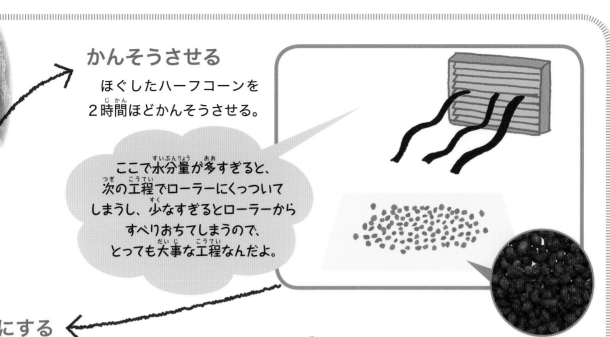

ここで水分量が多すぎると、
次の工程でローラーにくっついて
しまうし、少なすぎるとローラーから
すべりおちてしまうので、
とっても大事な工程なんだよ。

平らにする

かんそうさせたハーフコーンをローラーに
かけ、平たいフレークにする。

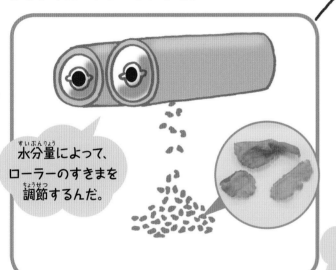

水分量によって、
ローラーのすきまを
調節するんだ。

焼く

平たいフレークになったハーフコーンを、
300度のオーブンでころがしながら1分間ほ
ど焼く。

こんがり
きつね色に
なったね！

焼きあがり

味つけなしのコーン
フレークは、この工程
で完成！ 食べてみて
食感などを確認してい
るよ。

できあがり

最後に、グルグルまわるドラムの中で、
あまいシロップで味つけしたり、ビタミ
ンなどの栄養素を加えたりしたら、でき
あがり！

とうもろこし粉って、どういうもの？

完熟のとうもろこしを乾燥させてくだいたものが、とうもろこし粉。
粉にすると長く保存できて、便利なんだ。とうもろこし粉は、
世界中でパンやお菓子の材料としてつかわれているよ。

畑で完熟し、かんそうしたとうもろこし。

いろいろなとうもろこし粉

　とうもろこし粉は、とうもろこしのつぶの約80パーセントをしめる胚乳部分を、細かくくだいて粉にしたもの。粉にしたときのつぶの大きさによって、コーングリッツとコーンフラワーに分けられているよ。つぶのあらいものをコーングリッツといい、つぶの細かいものをコーンフラワーというんだ。コーングリッツとコーンフラワーをあわせて、コーンミールとよぶこともあるよ。
　完熟したとうもろこしは、野菜としてのスイートコーン（→p19）の4倍近い炭水化物（でんぷん）をふくんでいるんだよ。

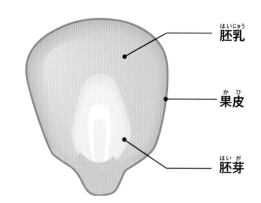

胚乳

果皮

胚芽

サクサクとした歯ざわりがあるのがとくちょう。イングリッシュマフィンにまぶしてあるザラザラした粉が、コーングリッツだよ。フライものをつくるときにつかうパン粉のかわりにもつかわれるんだ。

イングリッシュマフィン

小麦粉のようにサラサラとした粉。水分をすうとコーングリッツよりねばりが出るので、うすくのばしてパン生地につかわれることが多い。ドーナッツやケーキにもつかわれる。

トルティーヤ（→p30）

コーンスターチ

ラムネ菓子

コーンスターチって知ってる？

コーンスターチは、とうもろこしの胚乳からでんぷんだけを取りだして、かんそうさせた粉だよ。サラサラとした粉で、料理にとろみをつけたり、プリンやカスタードクリームをつくるときなどにつかわれている。ラムネ菓子の材料にもなっているんだよ。

コーンスターチとかたくり粉

コーンスターチと同じように料理のとろみづけにつかわれる粉に、かたくり粉があるね。かたくり粉は、多くはじゃがいものでんぷんからつくられているよ。でも、粉の感じは似ていても、とろみのつきかたがちがうんだ。かたくり粉は、温度が下がるととろみが消えてしまうので、あたたかいうちに食べる料理に適している。いっぽうコーンスターチは、温度が下がってもとろみが消えないので、冷たい料理やお菓子によくつかわれるんだよ。

コーンスターチは工業用にもつかわれている

コーンスターチは、食品以外にもつかわれている。もっともよく知られているのが、段ボールなど紙製品をつくるときに接着剤としてつかわれていること。また、ゴム手ぶくろをはめやすくするために、ゴム手ぶくろの内側にふりかけられているパウダーも、コーンスターチがつかわれているんだよ。

コーンスナック菓子ができるまで

とうもろこし粉からスナック菓子がつくられているんだよ。
どんなふうにつくられているか、工場見学してみよう。

原料を投入

とうもろこし粉（コーングリッツ）をかまに投入し、水を加えて練る。

口どけのよい生地の状態にするため、水の量を調整しているんだよ。

成形

よくまぜた生地を、熱と圧力をかけてノズルからおしだすと、ポンッとふくらんでCの形になって出てくる。

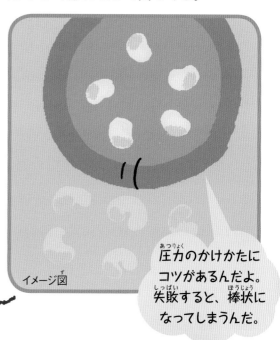

イメージ図

圧力のかけかたにコツがあるんだよ。失敗すると、棒状になってしまうんだ。

素焼き

生地をベルトコンベアにのせてトンネルオーブンに送り、水分を飛ばして素焼きのコーン生地をつくる。

生地をあたためることで、油やみつがつきやすくなるんだ。

みつがけ

生地にまんべんなくキャラメル味のみつをかける。

みつをかけすぎると生地がサクッとしないし、少なすぎると味むらが出てしまうので、みつの量やドラムの角度を調整しているんだよ。

油かけ

生地をドラムに入れて、回転させながら油をふきつける。

かんそうさせる

みつのべたつきをなくし、表面はカリッ、中はふんわりサクサクの食感になるよう、かんそうさせる。

計量

1ふくろに入れる量をコンピュータスケールで計量し、次の工程へ送る。

ふくろづめ

ふくろづめするとき、別の製造ラインで煎って塩味をつけたピーナッツを入れる。

いちばん上に入れたピーナッツが下にしずんでいき、ピーナッツの塩気と風味がふくろ全体にゆきわたるんだ。

ふくろの中身。

「キャラメルコーン」のできあがり！

見学！
トルティーヤづくり

トルティーヤは、とうもろこし粉からつくるうす焼きパン。
メキシコでは主食になっていて、多くの家庭で手づくりされているよ。
東京にあるメキシコ料理店 "FONDA DE LA MADRUGADA" さんで、
本場のトルティーヤづくりを見学させてもらおう。

こねる

ボウルにとうもろこし粉の「マサ」を入れ、
水を少しずつ加えて、手でこねる。

「マサ」とは？

メキシコでは、とうもろこしをすりつぶしてつくる粉を「マサ」というんだ。メキシコのとうもろこしは、スイートコーンのようなあまみのある種類ではなく、味のうすいフリントコーンが一般的。メキシコの伝統的な方法では、メタテという石皿とマノとよばれるすり棒をつかってマサをつくるんだよ。

日本では、アメリカから輸入されたマサが専門店などで売られている。

円形に切りぬく ←

トルティーヤマシーンの皿の上に、まとめた生地をのせる。ハンドルをまわすと、円形に切りぬかれて出てくる。メキシコの家庭では、プレンサという器具がよくつかわれているよ。

プレンサ

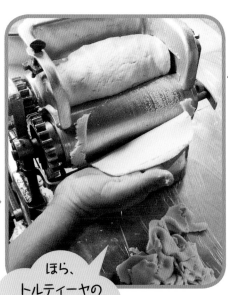

ほら、
トルティーヤの
生地が出てきたよ。

焼く

生地を鉄板で焼く。焼き時間は、片面1分くらい。とうもろこしのこうばしさを味わえるトルティーヤだよ。

うっすらとこげ目がつくくらいの焼きかげんが、いちばんおいしいんだ。

●保温する

焼きあがったトルティーヤは、パサパサにならないよう、布にくるんでテーブルに出すよ。たくさんつくったときは、すいはんジャーに入れて保温しておくんだ。

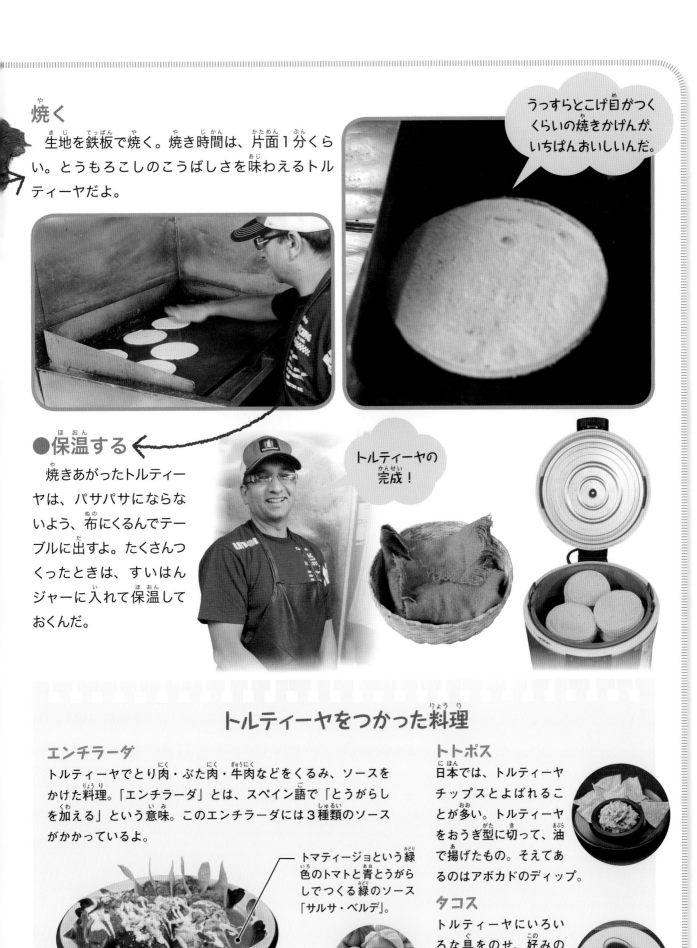

トルティーヤの完成！

トルティーヤをつかった料理

エンチラーダ

トルティーヤでとり肉・ぶた肉・牛肉などをくるみ、ソースをかけた料理。「エンチラーダ」とは、スペイン語で「とうがらしを加える」という意味。このエンチラーダには3種類のソースがかかっているよ。

トマティージョという緑色のトマトと青とうがらしでつくる緑のソース「サルサ・ベルデ」。

赤いトマトと赤とうがらしでつくる赤いソース「サルサ・ロハ」。

チョコレートでつくる茶色のソース「モレ」。

トマティージョ

トトポス

日本では、トルティーヤチップスとよばれることが多い。トルティーヤをおうぎ型に切って、油で揚げたもの。そえてあるのはアボカドのディップ。

タコス

トルティーヤにいろいろな具をのせ、好みのソースをかけて、手でつつんで食べる。そえてあるのはサルサ・ロハ。

2 とうもろこしから コーン茶へ

とうもろこしは、スナック菓子やパンにへんしんするだけでなく、お茶にもなるんだよ。日本茶のように葉からつくるのではなく、かんそうさせたとうもろこしの実からつくるんだ。

かんそうさせる

とうもろこしを収穫したら、皮をむき、雨のあたらないところにぶら下げてかんそうさせる。

そのあと、かんそう機でしっかりかんそうさせるんだ。

だんだんきれいなオレンジ色になってきたね。

空気がきれいな日は、天日干しもするんだ。

実を はずす

よくかんそうさせたら、とうもろこしの実をはずす。

ほら、きれいなコーンだよ。

焙煎する

とうもろこしの実を焙煎機に入れて煎ると、コーン茶のできあがり。

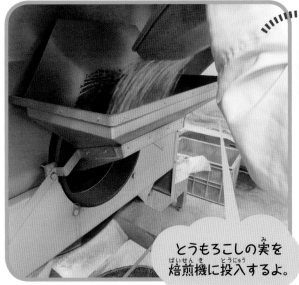

とうもろこしの実を焙煎機に投入するよ。

ほら、いい色になって出てきた！

コーン茶のできあがり

こうばしいかおりだね！

丸つぶのコーン茶は湯で煮だして飲むといいよ。

ティーバッグのコーン茶

焙煎の終わったとうもろこしの実をくだいて、不織布の小ぶくろに入れれば、ティーバッグのできあがり。あとは、きゅうすにティーバッグを入れてお湯を注ぐだけ。直接カップにティーバッグを入れてお湯を注いでもいいよ。

ほのかなあまみのあるお茶だよ！

ウイスキーの蒸留所

とうもろこしからウイスキーがつくられているって、知っているかな？
グレーンウイスキーというんだよ。
とうもろこしからどんなふうにグレーンウイスキーがつくられるのか、
富士山麓にある蒸溜所に見学にいこう。

しこみ

とうもろこしを細かくくだいてしこみがまに入れ、あたためた富士山の水をまぜて、あまいジュースをつくる。

発酵

とうもろこしのジュースを発酵タンクにうつし、「酵母」という目に見えないほど小さな生き物を加える。酵母の力をかりて、あまいジュースをアルコールにかえる。

1日1回タンクのふたを開けて、順調に発酵が進んでいるか、かおりをかいで確認するんだ。

発酵1日目

発酵3日目

蒸留

ふっとうさせて、水とアルコールに分ける。この工場では、連続で蒸留をおこなえるマルチカラム（4塔連続式蒸留器）や、ケトル、ダブラーといった単式蒸留器をつかいわけて、味わいのちがうグレーンウイスキーをつくっているよ。

マルチカラム

ケトル

ダブラー

パイプからアルコールがたるに注ぎこまれる。

たるづめされるアルコールは無色透明だよ。

熟練の職人が、たるの穴の大きさにあう栓を瞬時に選びだし、木づちで打ちつけるんだよ。

たるづめ

蒸留したアルコールをたるにつめる。たるの栓を木づちで打ちつける作業は機械化できないため、人の手でおこなう。

熟成

たるは熟成庫に運ばれ、ゆっくりと熟成される。すると、原酒にたるの色がつき、こはく色になる。熟成年数が長いほどこい色になる。

熟成庫に運びこまれるたる。

巨大な熟成庫。

ブレンドしてびんづめ

グレーンウイスキーとモルトウイスキーをブレンドして、びんづめする。この工場では、「富士山麓シグニチャーブレンド」が主力商品だよ。

できあがり!

びんづめしたウイスキーの目視検査。

プレンドとは?

ウイスキーは、とうもろこしなど穀物を原料にしたグレーンウイスキーと、麦芽だけを原料にしたモルトウイスキーの2つに分かれる。蒸溜所は、異なる味わいをもつ2つのウイスキーを独自の割合でブレンドすることで、とくちょうあるウイスキーをつくりだしているんだよ。

モルトウイスキーを蒸留するのに用いられる、ポットスチルとよばれる単式蒸留器。

3 とうもろこしから 配合飼料へ

牛やぶた、にわとりなどの飼料（えさ）に、
とうもろこしがつかわれていることを知っているかな？
飼料用のとうもろこしはおもにデントコーン（→p12）で、
外国から輸入されているんだ。
とうもろこしがどんなふうに飼料にへんしんするのか、見てみよう。

とうもろこしを荷揚げする

外国から輸送船で運ばれてきたとうもろこしは、アンローダーという機械で一気にすいあげられ、港にある荷揚げサイロ（貯蔵タンク）に一時保管される。そこから飼料工場のサイロへ送られていく。

輸送船

アンローダーですいあげる。

貯蔵タンク

飼料用とうもろこし

日本は世界一のとうもろこし輸入国で、輸入量は約1600万トン[2]。そのほとんどをアメリカから輸入している。輸入量の約65パーセントが飼料用なんだよ。

いっぽう国内には、敷地内で栽培したとうもろこしから飼料（サイレージ）をつくっている牧場もあるよ。サイレージというのは、発酵させてつくる飼料のこと。つくり方はいろいろあるけれど、完熟したとうもろこしの茎や葉も全部、白いフィルムでロールの形に包装して発酵させているのを、牧場でよく見かけるね。

ロール粉砕機でくだく

飼料の主原料は、とうもろこしとマイロ（こうりゃん[1]）。これをロール粉砕機であらくくだく。

粉砕前

とうもろこし　マイロ

粉砕後

とうもろこし　マイロ

ロール粉砕機

*1 もろこし（→p13）のこと。　*2 この量は、日本の米の総生産量の約2倍。

ハンマー粉砕機でくだく

高速で回転するハンマー（鉄板）に原料をぶつけて、細かくくだく。つぶの大きさは、スクリーンとよばれるあみの穴の大きさで調整する。

ハンマー粉砕機

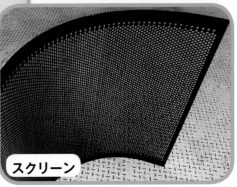

スクリーン

ふるいわけする

細かくくだいた主原料をあみ目のちがうふるいにかけ、くだいた原料をつぶの大きさ別にふるい分ける。

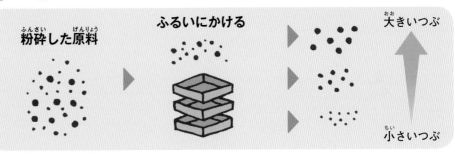

粉砕した原料　ふるいにかける　大きいつぶ　小さいつぶ

配合する

ふるい分けした主原料と副原料の大豆かす、小麦粉、なたねかすを、決まった配合割合で計量し、ミキサー（混合機）でまぜあわせる。

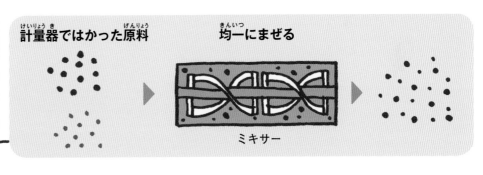

計量器ではかった原料　均一にまぜる　ミキサー

飼料のできあがり

配合された材料を、ペレットミルという機械で加圧成型する。これで配合飼料のできあがり！

このような形の配合飼料をペレットという。

ペレットミル

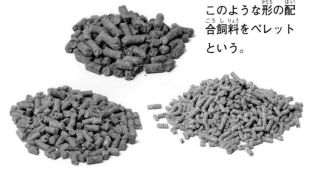

4 コーン油へ

とうもろこしの胚芽には、油分がたくさんふくまれている。
この胚芽をしぼって、コーン油がつくられるんだよ。

胚芽を取りだす

とうもろこしのつぶから、胚芽とそれ以外を分ける。

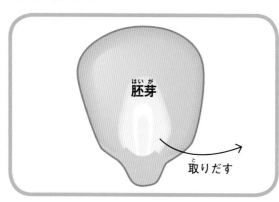

胚芽

取りだす

しぼる

胚芽にギュッと圧力をかけて、油をしぼりとる。

油

精製する

しぼったままの油（原油）から、よぶんな成分を取りのぞいたり、色やにおいを取りのぞいたりすれば、きれいなコーン油のできあがり！

コーン油からマーガリンへ

パンにぬって食べるマーガリンは、なにからつくられていると思う？ バターは牛乳からつくられるけれど、マーガリンは、コーン油やなたね油、大豆油など植物油脂に水、食塩、その他乳成分、ビタミンなどをまぜて練りあわせ、冷やしかためてつくられているんだよ。

マーガリン

マーガリン

とうもろこしからバイオマス燃料へ

バイオマス燃料というのは、生ゴミや家畜のふん、植物などの生物資源（バイオマス）からつくられる燃料のこと。とうもろこしからもバイオエタノールという液体燃料がつくられているんだ。バイオマス燃料は、石油や石炭という化石燃料が近い将来なくなってしまうと予想されているため、未来の燃料として期待されているんだ。

ただ、食料にもなるとうもろこしを燃料とすることは、世界の食料危機をまねくのではないかという意見もあるよ。

アメリカでは、おもにとうもろこしからバイオエタノールがつくられている。

さくいん

■**監修**

服部栄養料理研究会

学校法人服部学園常任理事の服部津貴子氏が会長をつとめる研究会。服部津貴子氏は農林水産省林野庁の特用林産物の普及委員、国際オリーブ協会アドバイザーとしても活躍し、兄・服部幸應氏とともに服部学園を拠点として食育の普及活動をおこなっている。
著・監修に『だれにもわかる食育のテーマ50』（学事出版）、「世界遺産になった食文化シリーズ」（WAVE出版）などが、服部幸應氏との共著・監修として『みんなが元気になるはじめての食育』シリーズ（岩崎書店）、「和食のすべてがわかる本」シリーズ（ミネルヴァ書房）などがある。

■**編**

こどもくらぶ（石原尚子）

■**取材・写真協力**

田中雄二、がばい農園、味の素株式会社、
キリンディスティラリー富士御殿場蒸溜所、
キユーピー株式会社、ストゥディオ・キャトル、
株式会社東ハト、日清丸紅飼料株式会社、
日本ケロッグ合同会社、
フォンダ・デ・ラ・マドゥルガーダ

■**イラスト**

花島ゆき

■**装丁・デザイン**

長江知子

■**取材**

多川享子

■**編集協力**

清水くみ子（クウヤ）

■**制作**

（株）エヌ・アンド・エス企画

■**写真協力**

PIXTA、フォトライブラリー

この本のデータは、2019年12月までに調べたものです。

日本人の知恵を学ぼう！
すがたをかえる食べもの つくる人と現場④ とうもろこし　　NDC619

2020年2月25日　　初版発行
2022年1月30日　　2刷発行

監　　修　　服部栄養料理研究会
　編　　　　こどもくらぶ
発 行 者　　山浦真一
発 行 所　　株式会社あすなろ書房　　〒162-0041　東京都新宿区早稲田鶴巻町551-4
　　　　　　電話　03-3203-3350（代表）
印刷・製本　　瞬報社写真印刷株式会社

40p／31cm
ISBN978-4-7515-2984-3

日本人の知恵を学ぼう！

すがたをかえる食べもの

つくる人と現場

監修／服部栄養料理研究会

編／こどもくらぶ

全4巻

① 大豆
② 米
③ 麦
④ とうもろこし